それでもがんばる！

どんまいな ペンギン図鑑

国立極地研究所 准教授
渡辺佑基 監修

宝島社

はじめに

ペンギンを漢字でどう書くのかを知っていますか。

答えは「片吟鳥」。今から100年以上前に日本人として初めてペンギンに出会った、白瀬矗率いる南極探検隊の一員が『南極土産：片吟鳥の話』という本を書いています。「片吟」はもちろん英語penguinの当て字ですが、私はこの漢字が妙に好きなのです。「吟」は「うたう」ということですから、ペンギンが歌って踊っているような、そんな気がしませんか？

ペンギンは一言でいうと「どんまい」な鳥です。すごい能力を持っているのに、どこかずれている。一生懸命に生きているのに、どこか隙がある。本書ではそんなペンギンをペンギンたらしめる「どんまい」な生態のエピソードを集めました。

私の個人的見解によれば、鳥の魅力は「見た目」「動き」「鳴き声」の三項目の合計で決まります。ペンギンの見た目を否定する人はいないでしょう。よちよち歩きなどの動きも抜群に良い。しかし――そうなのです。鳴き声だけはいただけない。ペンギンは「グワァ！」とか「グェェ！」とか品位のかけらもない鳴き方をします。

もしもペンギンが「片吟鳥」の漢字通りに「スイッピッピー！」なんて可憐に鳴いていたら、今ごろどれほどのスターになっていたことか――

どんまい！

ペンギン博士　渡辺佑基

『南極土産：片吟鳥の話』
春陽堂　国立国会図書館

もくじ

はじめに …… 2

第1章 日本で見られる！ どんまいなペンギン

世界には**どんな種類のペンギン**たちがいるの？ …… 8

どんまいなキングペンギン
王様なのに、**低姿勢？** …… 10

どんまいなエンペラーペンギン
子育て中が**ガチな断食**すぎ …… 12

どんまいなジェンツーペンギン
学名に含まれる名前が**めっちゃ暑そう** …… 14

どんまいなアデリーペンギン
怒ると顔が三角になる!? …… 16

どんまいなヒゲペンギン
ヒゲ面だし、**空き巣!?** …… 18

どんまいなキタイワトビペンギン
よく崖から突き落とされる …… 20

どんまいなミナミイワトビペンギン
波にも、周りにも**流される** …… 22

どんまいなマカロニペンギン
1個目の卵として生まれると**終わる** …… 24

どんまいなコガタペンギン
レベル6まで怒らせたコガタペンギンは**やばい** …… 26

どんまいなケープペンギン
若い衆は最近、**故郷で食糧難** …… 28

どんまいなマゼランペンギン
新居を建てるも、
メスからの住居審査が厳しい …… 30

どんまいなフンボルトペンギン
日本でもっとも**ポピュラー**なのに
じつは**絶滅危惧種** …… 32

ペンギン博士の南極だより①
まだまだ謎が多い！　ペンギンの生態の秘密 …… 34

第2章

教えて！どんまいなペンギンの秘密

ペンギンが飛ばなくなったどんまいな理由……38
よちよち歩きをするどんまいな都合……40
ペンギンのどんまいなリーダー論……42
保育園をつくらざるを得なかったどんまいな事情……44
触り心地はかなりどんまい……46
野生のペンギンにとって、我々はただの石ころ……48
石を食べちゃうどんまいな事情……50
キングペンギンがキングの座から降りた理由……52
ほぼ栄養がないクラゲを
わざわざ好きこのんで食べる……54
大昔のペンギンのどんまいすぎるサイズ感……56
ペンギン博士の南極だより②
水も電気もない南極での調査生活……58

第3章

そうだったの？どんまいなペンギンの毎日

うんこを撒き散らすから
巣の周りにうんこの花が咲く……62
換羽中のモヒカンヘアがどんまいすぎる……64
ペンギンには味覚が2つしかない……66
ペンギンには叩かれない方が絶対いい……68
鼻水を飛ばされるとまじで迷惑……70
ペンギンは常に空気イス……72
毛に見えるけどぜんぶ羽根……74
暑いとペンギンも犬みたいにハアハアする……76
寒すぎるとかかと立ちをする……78
ペンギンだけど、寒いとおしくらまんじゅうをする……80
一度親と離れたら、
呼ばれるまで永遠に会えない……82
歩くより、腹で滑る方が速い……84

かわいいフリして超スパルタ教育 …… 86
ペンギン博士の南極だより③ 調査のためのペンギン捕獲　叩かれないように注意！ …… 88

第4章 スクープ！どんまいなペンギンの事件簿

夫婦の間で魚をゲロらせ、奪い合い …… 92
油断禁物！ 常に誰かに巣を狙われている …… 94
漁師さんの網に引っかかっちゃうことがある …… 96
独身のペンギンはボディガードになることがある …… 98
宇宙人と交信するペンギンがいる!? …… 100
食べ過ぎるとお相撲さんみたいになる …… 102
ペンギン博士の南極だより④ 何が起こったの？　いつもと違う南極の光景 …… 104

第5章 飼育員さんに聞こう！水族館のどんまいなペンギン

メス同士のカップルでも卵を育てることがある …… 108
オス同士のカップルの末路がドラマ並みにすごい …… 110
ペンギン界にも過保護な家庭が存在する …… 112
自然界では敵でも、水族館ではアザラシと超仲良し …… 114
飼育員さんに恋しているペンギンがいる …… 116
キングペンギンが卵の代わりに氷を温めることがある …… 118
妻の外出中に浮気相手を巣に連れ込むことがある …… 120
アニメのキャラクターに夢中になったペンギンがいた …… 122
びっくりすると四つん這いになっちゃう …… 124
おわりに …… 126

第1章

日本で見られる!
どんまいなペンギン

現在、世界にいるペンギンたちはぜんぶで18種。
そのうち、12種を日本の水族館などで見ることができます。
日本で見られるペンギンたちのかわいらしい
どんまいなエピソードを種類ごとにのぞいてみましょう。

世界にはどんな種類のペンギンたちがいるの？

エンペラーペンギン 113cm
キングペンギン 94cm
ジェンツーペンギン 79cm
ロイヤルペンギン 74cm
キガシラペンギン 73cm
ヒゲペンギン 72cm
マゼランペンギン 72cm

世界には6属18種のペンギンがおり、日本で見られるのは12種です。

エンペラーペンギン属は大型のキングペンギンとエンペラーペンギンの2種。両種とも巣をつくらず、足の上に卵やヒナを乗せてジリジリと移動します。アデリーペンギン属にはジェンツーペンギンとアデリーペンギン、ヒゲペンギンがいます。この3種は、地面に引きずるほど長い尾羽を持っているのが特徴です。

キタイワトビペンギン、ミナミイワトビペンギン、フィヨルドランド

ペンギン、スネアーズペンギン、シュレーターペンギン、マカロニペンギン、ロイヤルペンギン……と、もっとも多い7種が属するのはマカロニペンギン属。イワトビペンギンは最近になってキタとミナミに分けられました。これらすべての種には頭に飾り羽（冠羽）があります。

　キガシラペンギン属はキガシラペンギンの1属1種のみ。頭が黄色いのが特徴です。

　最小のコガタペンギンはコガタペンギン属。ほかのペンギンとは違い、前傾姿勢で歩きます。フンボルトペンギン属のケープペンギンとフンボルトペンギン、マゼランペンギン、ガラパゴスペンギンの4種はお腹に斑点があるのが特徴です。

※体長表記は各ペンギンの平均値をとったものであり、実際は個体差があります。

どんまいなキングペンギン

王様なのに、低姿勢？

キングペンギンは子育てをするとき、卵やヒナを足の上に乗せて少し前かがみなります。そして、「抱卵嚢」と呼ばれる腹部のポケット状の羽毛の隙間で卵やヒナを包み込み、温めるのです。

このとき、キングペンギンたちの独特なポーズを見ることができます。お腹の下の方がもっこりと膨らみ、まるでかしこまって正座しているように見えるのです。ただし、お腹の下にヒナや卵がいないときでも、この正座スタイルになります。ペンギンが立ち上がるまで、ヒナや卵がいるかどうかはわからないのです。

別名「オウサマペンギン」とも呼ばれているキングペンギン。王様なのに、地べたにきちんと正座……。その姿はなんとも腰が低く見えます。

集団でこの姿勢をしているキングペンギンたちの様子は、何かの罰を受けているようにも、誰かの説教をしんみり聞いているようにも見えてしまいます。

冷たい強風が吹く日は、みんなが同じ風下の方向を向いて正座していることが多く、そのシュールさが一層際立ちます。

野生のキングペンギンには、頻繁にこの正座ポーズが見られるので、もしかしたら、彼らにとってこのスタイルは、もっともリラックスできる姿勢なのかもしれません。

[ペンギンプロフィール]

キングペンギン

大きさ　94㎝〜95㎝
体重　9.0kg〜15.0kg
分布　亜南極の島々

どんまいなエンペラーペンギン

子育て中がガチな断食すぎ

エンペラーペンギンは卵を温めている期間、海へ魚を獲りに行けません。ブリザードが吹き荒れる中、絶食しながら耐え抜きます。ペンギンの中でも一番大きなエンペラーペンギンのオスは、なんと90日〜120日、つまり最長約4ケ月間は雪以外何も口にしません。エンペラーペンギンの断食、ガチすぎます。

卵を産んだ直後のメスは体力が落ちているので、卵をオスに預けて魚を獲りに行き、卵が孵るころに戻ってきます。とはいえ、エンペラーペンギンのメスでも30日〜45日間は絶食しているので苦労は相当のもの。

いうまでもなく、絶食によって体重はかなり減ります。エンペラーペンギンのメスは絶食前に比べて22%、オスに至っては41%も体重が減少してしまうのです。そこまでして卵を温め続けるなんて、愛以外の何ものでもありません。

稀に、メスが魚を獲りに海に向かっている最中に事故に遭ってしまい、戻ってこないという場合もあります。オスはギリギリのところまで待ち続けますが、限界を超えると「もう……僕、限界です……。我が子よ、すまん！」と卵を捨て、魚を獲りに行ってしまいます。

［ペンギンプロフィール］

エンペラーペンギン

大きさ　112㎝〜115㎝
体重　19.0kg〜46.0kg
分布　南極大陸の沿岸

どんまいなジェンツーペンギン

学名に含まれる名前がめっちゃ暑そう

ペンギンの中で3番目に体が大きく、目の上の白い模様とオレンジ色のくちばしが特徴的なジェンツーペンギン。南極半島や南極近くの島々に暮らすペンギンで、1781年に南アメリカ大陸の南端にあるフォークランド諸島で発見されました。

「ジェンツー」とは、「ヒンドゥー」を表す古代の言葉で、フォークランド諸島の人々がペンギンの目の上の白い模様を、インド人のターバンに似ていることからそう呼んでいたという説があります。

ただ、もっとモヤモヤするのがジェンツーペンギンの学名に含まれる「パプア」の方です。

発見されたときのペンギンのはく製標本が、単純な札の付け間違いから、パプアニューギニアから持ち帰ったものと勘違いされ、そのまま名前になってしまったというのです。

パプアニューギニアといえば、赤道のすぐ南にある熱帯の国。南極にいるペンギンなのに、残念ながら全然関係のないめちゃくちゃ暑そうな名前になってしまったのです。

むしろ寒い地域の
ペンギンなんですけど…

［ペンギンプロフィール］

ジェンツーペンギン

大きさ　76cm～81cm
体重　4.5kg～8.5kg
分布　南極半島および亜南極の島々

どんまいなアデリーペンギン

怒ると顔が三角になる!?

はっきりとした白黒のツートンカラー。よくキャラクターのモデルにもなっているのがアデリーペンギンです。かわいらしさに一役買っているクリッとした目ですが、白目に見える部分は、じつは目の周りの皮膚。アイラインのような白いアイリングが目を引き立てています。

そんなアデリーペンギンは、興奮して怒ると、頭の羽毛を逆立てて、なぜか顔の形が三角形に変形してしまいます。

じつは意外と攻撃的な性格のアデリーペンギン。石を積み重ねて巣をつくるのですが、仲間同士で石の取り合いをしてケンカになることはしょっちゅうあります。

ほかのペンギンが巣の近くにちょっと近づいただけでも目を見開いてにらみつけたり、くちばしでつついて威嚇したり……。完全なケンカモードになると、胸から体当たりし、翼であるフリッパーで叩いて激しく攻撃します。

普段の丸くてキュートな印象とは裏腹に、少なくとも1日に1回はキレて、顔が三角形になるというから驚きです。アデリーペンギンさん、そのキレやすい性格、なんとかできないのでしょうか。

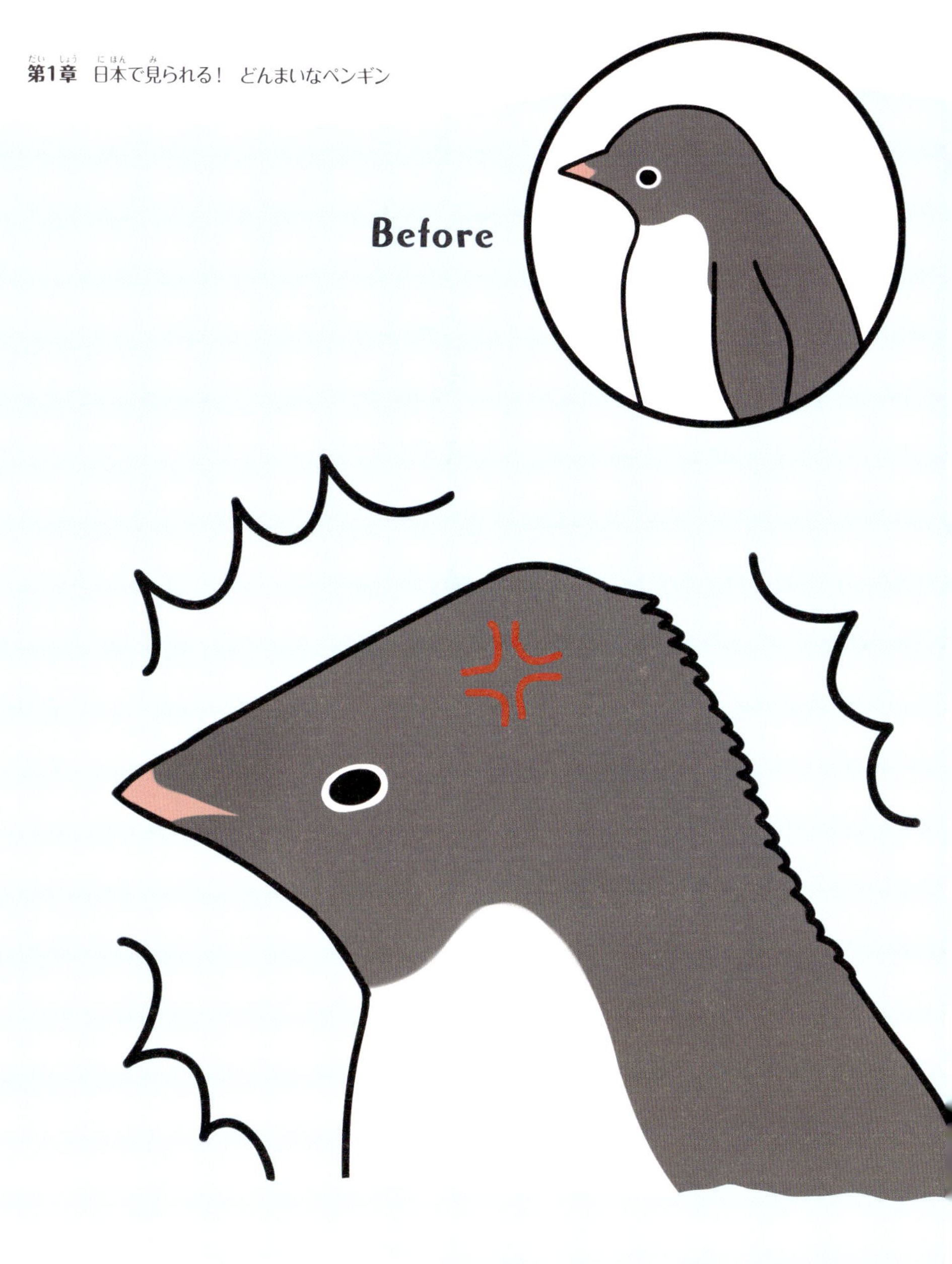

［ペンギンプロフィール］

アデリーペンギン

大きさ 70cm～71cm

体重 3.8kg～8.2kg

分布 南極大陸の沿岸および周辺の島々

どんまいなヒゲペンギン

ヒゲ面だし、空き巣!?

アゴの下にヒゲのような黒い線があるヒゲペンギン。英語とスペイン語では「アゴヒモペンギン」とも呼ばれています。

渡り鳥のように、繁殖期だけ南極半島周辺の島々に帰り、繁殖が終わると寒い冬を越すために、はるか北方の暖かい海域まで移動します。

繁殖期に入ると、オスは巣をつくるため、メスよりも5日ほど早く海から帰ってきます。

しかし、このときに事件が起こります。稀に、アデリーペンギンの巣をヒゲペンギンが横取りしてしまうことがあるのです。

アデリーペンギンは、ヒゲペンギンより約1ケ月早い時期に繁殖を始めます。そのため、ヒゲペンギンが巣をつくるころには、アデリーペンギンのヒナが生まれています。

ちょこちょこと大人のアデリーペンギンが歩き回る中、ヒゲペンギンはのそのそとゆっくり歩きながら、お目当ての巣に狙いをつけます。アデリーペンギンが巣を離れた瞬間にちゃっかり座ったら最後、ヒゲペンギンはもう動きません。留守中を狙って横取りするなんて、まるで空き巣のようですね。

どろぼうヒゲペンギンの早業で巣を横取りされたアデリーペンギンは、泣き寝入りすることになってしまうのです。

[ペンギンプロフィール]

ヒゲペンギン

大きさ　68cm〜77cm
体重　3.2kg〜5.3kg
分布　南極半島、南極周辺や亜南極の島々

どんまいなキタイワトビペンギン

よく崖から突き落とされる

岩の多い場所や急斜面の崖の途中に巣をつくり、岩場や崖をピョンピョンと跳ねていくことから名付けられたイワトビペンギン。生息する地域や体の特徴から、最近になって、キタイワトビペンギンとミナミイワトビペンギンの2種の存在が認められるようになりました。

キタイワトビペンギンは、ミナミイワトビペンギンよりもひとまわり大きく、まゆげのような黄色い冠羽の幅が広くて長いのが特徴です。

このキタイワトビペンギンは、行列で岩場を歩くとき、まるでコントのような習性を見せます。

というのも、崖の先端で先頭のペンギンが立ち止まると、崖に気づかない後ろの方のペンギンが前のペンギンを押し、先頭のペンギンを崖から突き落としてしまうのです。

そのまた後ろのペンギンも「やばい！　僕も落ちちゃうよ！」と崖に気づいて立ち止まりますが、すぐ後ろのペンギンにまた押されて落ちていってしまうのです。

ですが、キタイワトビペンギンの体はとても丈夫。崖から落ちてもケロリとしているので心配無用ではありますが、少しは学習してほしいものです。

[ペンギンプロフィール]

キタイワトビペンギン

大きさ　51㎝〜62㎝
体重　2.4kg〜4.3kg
分布　南大西洋、南インド洋の島々

どんまいなミナミイワトビペンギン

波にも、周りにも流される

「みんなと一緒じゃなきゃ不安になる……」よく、日本人は集団意識が強いと言われますが、じつはミナミイワトビペンギンにも同じようなおもしろい習性があります。

ミナミイワトビペンギンは名前の通り、岩場をピョンピョンと移動しながら暮らしています。集団で海に出かけると、みんなで岩場まで泳いで戻り、崖に飛び乗ろうとします。

スピードを上げて勢いをつけ、海から崖へ上陸するのですが、これがなかなか難しい。ベストタイミングでジャンプをしなければ陸に上がれないので、波に流されながらのタイミング待ちが始まります。やっとのことで1羽がピョンと崖に上がって振り返ると、あれ？ ほかのペンギンが上がってこない……。

すると、「みんなまだ海？ 僕だけ先に上がるなんて嫌！」とせっかく崖に上がったのに、また海に逆戻りしてしまうのです。

ペンギンの中でも特に集団行動を好む彼らは、周りのみんなと一緒じゃないととにかく不安になってしまうのです。再び波のタイミング待ちを始めたミナミイワトビペンギンが崖に上陸できるのは、いつになるのでしょうか。

［ペンギンプロフィール］

ミナミイワトビペンギン

大きさ　51cm～62cm

体重　2.0kg～3.8kg

分布　亜南極の島々、フォークランド諸島、チリ、アルゼンチン南部

どんまいなマカロニペンギン

1個目の卵として生まれると終わる

約900万つがいと世界で一番生息数が多いのがマカロニペンギンです。「マカロニ」とは、イタリア語で「伊達男、しゃれ者」の意味があり、前髪のように見える黄色い冠羽から名付けられました。

繁殖期には卵を2個産むのですが、なぜか1個目の卵は巣から蹴り出して育児放棄してしまいます。どちらも有精卵なので温めればヒナが孵るはずですが、2個目しか温めません。1個目は2個目よりひとまわり小さいので、生き残れる方を本能的に選んでいるのではという説があります。1個目の方が小さい理由としては、渡りから帰ってすぐの自身のホルモンのレベルが低いときに受精するからと考えられています。2個目は安全な巣で長期間ホルモンが分泌されるので、大きくなるのです。

いずれにせよ、1個目の卵からヒナが生まれても育つことはなく、なぜこのようなムダな卵を産むのかは、よくわかっていません。1個目の卵に生まれてしまうと、悲しいことに人生が終わってしまうのです。

[ペンギンプロフィール]

マカロニペンギン

大きさ 70cm～71cm
体重 3.1kg～6.6kg
分布 亜南極の島々、チリ南部

どんまいなコガタペンギン

レベル6まで怒らせたコガタペンギンはやばい

ペンギンの中でもっとも小さいコガタペンギン。「妖精」の意味のフェアリーペンギンやリトルペンギンなどの別名もあります。

このコガタペンギンはできるだけケンカのリスクを減らすためいくつかの威嚇段階をつくり、不要なケンカを避けるという習性があります。

カナダの鳥類学者J・R・ワース博士が発表した論文によると、コガタペンギンの攻撃には6段階あるとされています。最初は、姿勢を低くしてゆっくり遠ざかり（レベル1）、その後、その場にじっとして目をそらす（レベル2）、立ち上がってフリッパーを広げる（レベル3）、ジグザグ歩きで近寄る（レベル4）と「これ以上近づいたら、酷い目に合うぜ？」というように、だんだんと威嚇度を上げていきます。レベル5で、くちばしをぴしゃりと打ちつけたり、つついたりし、最終段階のレベル6で、わめきながら噛みつきます。かわいらしい姿のわりに攻撃的な性格のコガタペンギン。ここまで怒らせたらもう手がつけられません。

[ペンギンプロフィール]

コガタペンギン

大きさ　40cm～45cm
体重　0.5kg～2.1kg
分布　オーストラリア南部、ニュージーランド

どんまいなケープペンギン

若い衆は最近、故郷で食糧難

南アフリカ共和国の州都ケープタウンから名付けられたケープペンギン。そのため、アフリカペンギンと呼ばれたり、鳴き声がロバに似ていることからジャッカス（ロバの意味）ペンギンなどの別名があります。

ケープペンギンは数が減ってきているため、現在、絶滅危惧種となっています。その理由のひとつが、最近の研究で判明しました。

彼らは夏は南アフリカの南端などで子育てをし、冬になると暖かい海へ移動します。魚やそのエサとなるプランクトンが豊富に生息する温暖な海を目指し、水温などを指標に大

移動をするのです。

ヒナから幼鳥になった若いケープペンギンも繁殖地を離れて人生で初めての大冒険。一生懸命頑張ります。

ところが、これまでイワシがたくさん獲れていた海域の中には、人間の大規模な漁業や、地球温暖化などの影響でイワシが激減してしまっている場所があるのです。

初めての移動で何も知らない若いケープペンギンたちは、海を目指して一生懸命渡っていったのに、海に着いても魚がいないのです……。彼らはごはんになかなかありつけません。

どんまいというか、悲しすぎる現実というか……。私たち人間も考えさせられることがあるのです。

［ペンギンプロフィール］

ケープペンギン

大きさ　60cm～70cm
体重　2.1kg～3.7kg
分布　南アフリカ、ナミビア

どんまいなマゼランペンギン

新居を建てるも、メスからの住居審査が厳しい

大航海時代の1522年に、世界一周を果たした冒険家フェルディナンド・マゼラン。彼がペンギンの存在を世界で最初に報告したため、「マゼラン」という名前が付きました。

彼らは平らな土地の低い木の下に穴を掘り、覆い付きの巣をつくります。これは風雨や直射日光を避けるため。じつは、この巣の出来の良さはヒナの巣立ちの成功を左右する重要な要素なのです。夫婦の絆がとても強いマゼランペンギンですが、卵を産むメスにとって巣の快適さは大問題。きっちり住居審査を行います。

熟年夫婦にもなると、80％以上の確率で前年と同じ場所に巣を構えますが、中には巣の位置を変える少数派もいます。良い条件の場所へ巣を移動させたオスは、メスから「素敵なお家ね！」とモテモテになりますが、条件が悪い場所へ移動したオスは、前年よりもメスを引きつけることができません。良かれと思って新居を構えても「この家ダメそう……」と思われてしまうと、プイッとフラれてしまうことがあるのです。

［ペンギンプロフィール］

マゼランペンギン

大きさ　70cm〜76cm
体重　2.3kg〜7.8kg
分布　アルゼンチン、チリ、フォークランド諸島

どんまいなフンボルトペンギン

日本でもっともポピュラーなのに じつは絶滅危惧種

フンボルト海流が流れる南米のペルーなどに生息することから名付けられたフンボルトペンギン。水族館でもよく見られるペンギンなので、みなさんにとっても馴染みがあるペンギンだと思います。

しかし、じつは絶滅が心配されていることを知っていますか？　気候変動や外来種のもたらす病気などの原因が考えられていますが、悲しいことに、これには人間が大きく関わっている部分もあります。イワシなどの魚を大量に獲ってしまうと、ペンギンのごはんがなくなります。また、ペンギンの卵を現地の人間が食べたり、ペンギンをほかの動物のエサにすることもあるからです。

一方、日本のフンボルトペンギンの飼育数は２０１７年末で約１８００羽。温暖な気候や飼育員の繁殖技術の高さから数は増え続け、世界の生息数の約４％ものフンボルトペンギンが日本にいることになります。野生のフンボルトペンギンの環境も生きやすいものになってほしいと祈るばかりです。

[ペンギンプロフィール]

フンボルトペンギン

大(おお)きさ　65cm〜70cm
体重(たいじゅう)　4.0kg〜4.7kg
分布(ぶんぷ)　チリ、ペルー

ペンギン博士の

南極だより①

まだまだ謎が多い！ペンギンの生態の秘密

ペンギンの生態はどのくらいわかっているのでしょうか。そしてそれを調べるにはどうしたらいいのでしょうか。陸上や氷の上にいるペンギンであれば、目で見て観察することができるので、卵を何日間温めるとか、ヒナをどのように育てるとか、子育てに関することは比較的よくわかっています。ところがポチャン！　と海に飛び込んでしまったら、もうお手上げ。ペンギンが海の中で何をしているのかを目で見て観察することはできません。

そこで登場するのがバイオロギングという調査方法です。バイオ（＝生物）とロギング（＝記録する）という2つの言葉をつなげてできたこの手法は、ペンギンの背中に小型のデジタル記録計を装着します。そのデータを解析すると、海の中のペンギンの行動が手に取るようにわかるのです。電子デバイス技術は日々進歩しているので、記録計の性能もどんどん向上しています。

バイオロギング調査でわかった水中ハンター・ペンギンの実態

私たち国立極地研究所のグループは、バイオロギングの技術を使って南極のアデリーペ

ンギンの生態を調べています。2010年から2011年にかけてのシーズンには、ペンギンの背中に超小型のビデオカメラを装着し、世界で初めてペンギンの見ている海の中の様子をペンギンの視点から撮影することに成功しました。その結果、アデリーペンギンは潜水中、ものすごい勢いで獲物を捕え続けていることが明らかになりました。90分の撮影の間に、あるペンギンはオキアミを244匹、別のペンギンは魚を33匹も捕えていました。陸上ではのんびりしているペンギンですが、海に入ると凄腕のハンターに変身するのです。

このように最新技術を使ったバイオロギング調査により、ペンギンという不思議な動物の謎が少しずつ明らかになっています。

第2章

教えて！どんまいなペンギンの秘密

ペンギンはまだまだ謎の多い生き物。
この章では、私たちに日々癒しを与えてくれるペンギンたちの
どんまいな秘密に迫っていきます。
知っていそうで知らなかった、驚きの真実の連続です！

ペンギンが飛ばなくなったどんまいな理由

ペンギンは鳥類ペンギン目ペンギン科に分類されれっきとした鳥の仲間。約6500万年前までは、ペンギンの祖先は空を飛んでいたのです。その証拠に羽毛や翼があり、おしりにはかつて着陸する際にブレーキの役目だった尾羽があります。

飛ばなくなった理由として、ほかの鳥との競合を避けるために海の中へ進出したという説や、海にいた古代の爬虫類が絶滅したため、その空いたスペースを埋めたなどの説が考えられています。空を飛ぶというすごい能力を捨てたペンギン。もしかしたら、海に入った方が敵が少なく「いっぱい獲物にありつけるぜ！」と思ったのかもしれません。

ペンギンは海の中では浮力で浮かんできてしまうので、フリッパーをパタパタさせ、下向きの力を生み出しています。これは、空を飛ぶ鳥が重力に引っ張られて地面に落ちないように、翼を羽ばたかせて上向きの力を生み出しているのとちょうど逆の状態。この意味ではペンギンも海の中を〝飛んでいる〟と言えますね。

［どのペンギンのこと？］

キング　エンペラー　ジェンツー　アデリー　ヒゲ　キタイワトビ　ミナミイワトビ　マカロニ　コガタ　ケープ　マゼラン　フンボルト

よちよち歩きをする どんまいな都合

とてもかわいらしく、陸の上をよちよちと歩くペンギンの姿。どうしてあんな歩き方なのでしょうか？ ペンギンを見てみると、一見、足が短すぎて歩きにくそうだからよちよち歩きになってしまったのではと思う方もいるかもしれません。

しかし、決して足が短いというわけではありません。外から見えている部分が短いだけで、じつは体の中には膝を直角に曲げた状態の足が収まっているのです。なぜ、そんなことになっているのかというと、寒さ

から身を守るため。ペンギンは、足の大部分を腹部に収めてしまい、足先だけをちょこんと出す今の姿に進化しました。

それに、ペンギンは水の中で、足を真っすぐに揃えて泳ぎます。その状態のまま陸に勢いよく上がると、背筋がピーンと伸びた状態になってしまいます。すると、どんまいなことにバランスがうまく保てず、陸ではどうしてもよちよちと頼りない歩き方になってしまうのです。

でも、海の中では別の生き物のようにビューン！　とスピードを出して泳ぎます。よちよち歩く姿と、水中でスイスイと泳ぐペンギンの姿の激しいギャップもまた、ペンギンの魅力のひとつなのです。

[どのペンギンのこと？]

キング　エンペラー　ジェンツー　アデリー　ヒゲ　キタイワトビ　ミナミイワトビ　マカロニ　コガタ　ケープ　マゼラン　フンボルト

ペンギンのどんまいなリーダー論

集団で行動しているイメージが強いペンギン。常に仲間と一緒に行動しますが、じつはペンギンたちの中には、特定のリーダーはおらず、互いに協力し合うために一緒にいるわけでもありません。ただ単に「一緒にいると敵から襲われにくい」というなんとも自己中心的な理由で行動を共にしているのです。

陸では敵から襲われるリスクを減らすために集団で暮らしています。仮に襲われても勇敢にも威嚇して追っ払います。

海に入るときも、同じ場所から集団で潜り、また同じ場所から集団で

陸に上がってきます。ただし、海へ飛び込むときは誰が先に入るかが大問題。なぜなら、海の中でオットセイやヒョウアザラシなどが待ちかまえている可能性があるからです。

切り込み隊長がいるわけでもないので、1羽が先に海に入ると、その後を追うように次々と海に飛び込んでいきます。

水中でも一緒に泳ぐわけではなく、獲物となるオキアミや魚をバラバラに探します。陸に上がるときは、ほかの1羽が上がると急げ！　急げ！　と言わんばかりにそれに続いて上陸。

みんなで潜れば怖くない！　リーダー不在の中でも、そうやって敵から身を守っているのです。

［どのペンギンのこと？］

キング　エンペラー　ジェンツー　アデリー　ヒゲ　キタイワトビ　ミナミイワトビ　マカロニ　コガタ　ケープ　マゼラン　フンボルト

保育園をつくらざるを得なかったどんまいな事情

卵からヒナが孵ると、しばらくは親が交代で海に食べものを獲りに行き、必ずどちらかの親がヒナを守っています。しかし、1ケ月くらい経つとヒナは大きくなって歩き出すようになり、食べる量も増えてきます。そのため、親が交代で魚を運んでいては間に合わなくなり、2羽同時に海に魚を獲りに行かなければならなくなるのです。すると、残されたヒナは勝手に歩き回り、寒さや天敵から身を守るため、自然とヒナ同士で集団をつくります。これが「クレイシ（共同保育所）」と呼ばれるペンギンの保育園ができた理由です。

我が子にお腹いっぱい食べさせるため、夫婦共働きのように海に出かけざるを得なかったペンギン。食べ盛りの家庭はどこも大変なのです。

風が強く気温が低い日は、クレイシがいつもより多く見られます。おしくらまんじゅうのように、お互いに温め合いながら、寒さに耐えているのです。自分の親が海から帰ってくると、「待ってました！」と駆け寄り、魚をもらいにいきます。

［どのペンギンのこと？］

キング　エンペラー　ジェンツー　アデリー　ヒゲ　キタイワトビ　ミナミイワトビ　マカロニ　コガタ　ケープ　マゼラン　フンボルト

触り心地はかなりどんまい

みなさんはペンギンを触ったことはありますか？　一体どんな手触りなのでしょうか。ペンギンの体にはびっしりと羽毛が生えているので、もふもふとしたかんじを想像するかもしれません。ですが、ペンギンの表面は硬く、決してふわふわとは言えません。ベタベタとしたゴムのようなどんまいな手触りなのです。

このベタベタの正体は、尾の付け根にある尾脂腺というところから分泌される脂。ペンギンはこの脂をくちばしで器用にすくい取り、暇あれば全身に塗りたくっています。

脂でベタベタにコーティングされたペンギンの羽毛の撥水効果は抜群。この脂のおかげで海に入っても地肌は濡れず、体が冷えることはありません。このようにペンギンの寒さ対策は万全になっています。

また、羽毛で覆われた体は、暖かいダウンジャケットを着ているようなもので、付け根近くにはフワフワの綿毛もあり、しっかりと皮膚を覆って暖かい空気を閉じ込めています。エンペラーペンギンやアデリーペンギンなどが暮らす南極は極寒ですが、そんな環境でもさまざまな防寒機能のおかげで、体の芯は約38℃といつもポカポカなのです。

［どのペンギンのこと？］

キング　エンペラー　ジェンツー　アデリー　ヒゲ　キタイワトビ　ミナミイワトビ　マカロニ　コガタ　ケープ　マゼラン　フンボルト

野生のペンギンにとって、我々はただの石ころ

鳥の仲間によく見られる「刷り込み」という学習現象があります。これは、生まれたばかりの動物が、目の前の動くものを親として覚え、一生愛着を見せるというものです。

ペンギンにもこの刷り込み現象は見られ、卵から孵った最初の瞬間に人間を見ない限りは懐かないといわれています。特に人間を見ないで育った南極に住むペンギンは、研究者が近くにいても、完全に無視。人間を石ころくらいにしか思っていないようです。ただし、ペンギンにも性格の差があって、人間が近づきすぎると逃げたり、立ち向かってきたりと反応はさまざま。南極観測船に向かってペンギンの群が近づいてくることもあります。

ヒナや卵を食べる天敵が近づいてきたときと人間が近づいたときとで、ペンギンの心拍数がどう変わるか調べた実験があります。その結果、見慣れない人間が近づいたときの方が、心拍数が上昇。野生のペンギンにとって、天敵よりも初めて見る人間の方がストレスなのかもしれません。

［どのペンギンのこと？］

キング　エンペラー　ジェンツー　アデリー　ヒゲ　キタイワトビ　ミナミイワトビ　マカロニ　コガタ　ケープ　マゼラン　フンボルト

石を食べちゃうどんまいな事情

調査のために、エンペラーペンギンの胃の中を調べると、2〜3個の小石が出てくることがよくあります。

今のところ、ペンギンが石を食べる本当の理由はわかっていませんが、いくつかの仮説が考えられています。海で獲った獲物と一緒に口に入ってしまったという説や、胃の中にあえて石をため込むことで、食べものをすりつぶして消化しやすくしているという説もあります。

過去に、大人のキングペンギンが自ら石をひょいと飲み込むシーンが目撃されたこともあります。1羽が31個もの石を次々と飲み込み、なんと1分間に24個もの石を飲み込んだとのこと。ただし、この理由はよくわかっていません。

また、飢餓状態のアデリーペンギンのヒナの胃の中から石が見つかったことも報告されています。親ペンギンが十分な獲物を獲れなかったときに、もしかしたらヒナは石を食べて空腹を紛らわしたのかもしれません。だとしたら、本当にお腹が空いていたんでしょうね……。

ちなみに、このアデリーペンギン、小さな石を集めて、巣をつくるのですが、エンペラーペンギンが吐き出した石を集めることもあります。

［どのペンギンのこと？］

キング　エンペラー　ジェンツー　アデリー　ヒゲ　キタイワトビ　ミナミイワトビ　マカロニ　コガタ　ケープ　マゼラン　フンボルト

キングペンギンがキングの座から降りた理由

「キング＝王様」と「エンペラー＝皇帝」。どっちも偉くて強そうな名前でどちらが大きいんだろう？　と疑問に思ったことはありませんか。

　一番大きいのはエンペラーペンギンで、体長は112〜115センチ。2番目に大きいのがキングペンギンで、体長は94〜95センチです。亜南極の島々に暮らすキングペンギンが最初に文献に登場したのは1778年。それまでに見つかったペンギンよりも大きかったので「キング＝王様」の名前が付けられました。

　一方、エンペラーペンギンは南極で暮らしていたため、キングペンギンよりも発見が遅かったのです。最初に文献に登場したのはキングペンギンよりも66年も遅い、1844年。

　キングペンギンよりももっと大きなペンギンだったため、王様より大きいという意味で「エンペラー＝皇帝」の名前が付けられました。残念なことに、一番大きいはずだったキングペンギンは、後から見つかったエンペラーペンギンに越され、王の座から降ろされてしまったのです。

［どのペンギンのこと？］

キング　エンペラー　ジェンツー　アデリー　ヒゲ　キタイワトビ　ミナミイワトビ　マカロニ　コガタ　ケープ　マゼラン　フンボルト

ほぼ栄養がないクラゲをわざわざ好きこのんで食べる

体の約95%がゼリー状の水分のクラゲ。栄養がほとんどないことからこれまでペンギンの食べものには、なりにくいと考えられていました。

しかし、２０１７年9月、国立極地研究所の研究から、ペンギンがほぼ栄養のないクラゲを頻繁に食べていることが明らかになりました。

研究チームは、２０１２~２０１６年に南極の昭和基地を含む南半球の7ケ所で、バイオロギング調査を実施。４種のペンギン１０６羽の背中に小型ビデオカメラを取り付け、数日後に回収しました。全部で３５０時間以上の水中映像を再生したところ、オキアミや魚以外に、ペンギンがクラゲを食べているシーンが１９８回も見られたのです。

しかも、ほかの魚などがいるときでもクラゲを選んで食べていたので、食べるものがないから食べているわけでもなさそう。泳ぐのが遅く、捕まえやすいクラゲの生殖器官や内臓を選んで食べていることを考えると、ペンギンたちはそれなりの栄養を得ているのかもしれません。

［どのペンギンのこと？］

キング　エンペラー　ジェンツー　アデリー　ヒゲ　キタイワトビ　ミナミイワトビ　マカロニ　コガタ　ケープ　マゼラン　フンボルト

大昔のどんまいすぎるサイズ感

最初にペンギンの化石が発見されたのは１８５９年。２５００万年から３０００万年前のものとみられる化石がニュージーランドで見つかりました。それ以降、南極やオーストラリア、南アフリカ、南アメリカなどから少なくとも40種以上のペンギンの化石が見つかっています。それらの化石から、現在最大のエンペラーペンギンよりも大きなペンギンが大昔にいたことがわかっています。

最近、ニュージーランドで新種の巨大ペンギンの化石が新たに発見されました。翼と足の骨から見積もったサイズによると、体重は１０１キロ！　体長はなんと大人の男性ほどの１７７センチだったというから驚きです。私たちが見上げなければならないほど、でかすぎるサイズ感だったのです。

このペンギンには「クミマヌ・ビケアエ」という学名が付けられました。クミはマオリ語で「怪物」、マヌは「鳥」を意味します。まさにその名にふさわしい、かいじゅうみたいなペンギンが確かに存在したのです。

［どのペンギンのこと？］

キング　エンペラー　ジェンツー　アデリー　ヒゲ　キタイワトビ　ミナミイワトビ　マカロニ　コガタ　ケープ　マゼラン　フンボルト

ペンギン博士の南極だより②

水も電気もない南極での調査生活

調査では、南極の昭和基地の近くにある小さな調査小屋に1ヶ月半ほど滞在します。小屋から歩いて3分ほどのところに200羽以上のペンギンが集まって子育てをしているので、調査には便利な場所です。ただし、文明から遠く離れたところなので、水も電気も通っていません。水はポリタンクに入れて持っていき、電気は発電機を必要なときだけ動かします。もちろんスーパーもないので、食料は冷凍品や米、缶詰やお菓子などを大量に持っていきます。南極の小屋で食べるカレーライスや鍋などのキャンプ料理は格別においしく、ついつい食べすぎてしまいます。夜は寝袋にくるまって寝ます。アルプスの登山家が使うような上等の寝袋にくるまって眠るのは、まるで天使の羽に包まれているような最高の気分です。あたりはシーンと静まり返っていますが、時々「ガー!」とカラスのようなアデリーペンギンの鳴き声が聞こえます。

お風呂は1ヶ月の我慢!日常生活とはかけ離れた世界

お風呂はないので1ヶ月半の我慢。といっても寒い南極ではあまり汗はかかず、空気が

乾燥していてベタつかないので、それほど不快ではありません。私は毎晩、ウェットティッシュで全身を拭くようにしていましたが、そうするだけでとてもすっきりします。

トイレ？　やっぱりそこを聞きますか。基地と違って、調査小屋にはトイレがないので、海に用を足すことが特別に許されています。遠くの氷の上をトコトコと歩くペンギンを見ながら、仁王立ちしておしっこするのはいい気分です。うんこはかなり難しく、海辺の岩場で中腰になり、おしりを海の方に突き出して投下物を氷の割れ目に落とします。こんな間抜けな姿勢を誰かに見られたら死にたくなりますが、幸い南極には通行人はいませんので人に見られることもありません。

第3章

そうだったの？
どんまいなペンギンの毎日

陸では、ボーッと立ち、海では軽やかに泳ぐペンギン。
何も考えてなさそうと思いきや、
彼らは彼らなりに毎日を懸命に生きているのです。
思わず応援したくなる、どんまいな毎日を見てみましょう。

うんこを撒き散らすから巣の周りにうんこの花が咲く

小石を積み重ねて巣をつくるアデリーペンギン。上から見ると、巣を中心に放射状に白い線があり、花のような模様をつくっています。

この白い線の正体はペンギンのうんこ。自分の大事な巣の中を汚したくないので、おしりを巣の外に突き出してうんこを飛ばします。また、ヒナも親をマネて同じようにうんこを飛ばします。うんこの撒き散らし方は伝承されていくのです。ひどいことに、アデリーペンギンは密集した場所に巣をつくるので、お隣さんの巣はすぐそこ。あらゆる方向にうんこをするので、お隣さんの体にかかってしまうこともあります。しかし、お互い様なのかそれでケンカになることはないようです。

白いうんこは魚などを食べた後、尿酸によって白色になったものです。桜エビによく似たオキアミを食べるとうんこはピンク色になります。また、3日以上絶食したときは、胆汁の色が出て黄色から緑色のうんこになります。何を食べたかは、うんこを見るとすぐにわかるのです。

［どのペンギンのこと？］

キング　エンペラー　ジェンツー　アデリー　ヒゲ　キタイワトビ　ミナミイワトビ　マカロニ　コガタ　ケープ　マゼラン　フンボルト

換羽中のモヒカンヘアがどんまいすぎる

ペンギンは体中に羽毛が生えていますが、年に1回、2～4週間かけて古い羽毛が抜けて新しく生え替わります。これを換羽といいます。

換羽中の羽毛は、防水能力が落ちるため、魚を探しに海に潜ることができません。そのため、ペンギンたちは絶食するしかないのです。

換羽前には魚やオキアミなどをたっぷり食べ、食いだめをして絶食に備えます。一番大きなエンペラーペンギンは平均34日間もかかるので、絶食後の体重は半分くらいになってしまいます。皮下脂肪もなくなり、お腹の皮がダブダブになってしまうこともあるのです。

換羽中はできるだけエネルギーを使わないようにじっと立ち、風に吹かれて羽毛が抜け切るのをひたすら待つことしかできません。

羽毛が抜けている途中は、頭のてっぺんだけに羽毛が残ってモヒカン頭のようになったり、胸元にだけ残って胸毛みたいになったり。普段なかなか見られないどんまいな姿が見られます。

［どのペンギンのこと？］

キング　エンペラー　ジェンツー　アデリー　ヒゲ　キタイワトビ　ミナミイワトビ　マカロニ　コガタ　ケープ　マゼラン　フンボルト

ペンギンには味覚が2つしかない

2015年にアメリカのミシガン大学が発表した研究によると、5つある味覚のうち、ペンギンの味覚はたったの2つしかないことがわかりました。調査ではアデリーペンギンとエンペラーペンギン、キングペンギン、ヒゲペンギン、ミナミイワトビペンギンの5種類のペンギンのほか、鳥類の22種類の遺伝子を調べました。

すると、人をはじめとするすべての脊椎動物は甘味、酸味、塩味、苦味、うま味という5つの味覚を持っているのに対し、ペンギンは酸味と塩味しか感じられないことがわかったのです。

「すっぱいのとしょっぱいのしかわからないなんて、ちょっとかわいそう……」と気の毒に思う方もいるかもしれませんが、ペンギンは海で獲ってきた獲物をすべて丸飲みしています。人のようにおいしさを味わっているかは謎です。ペンギンたちは大して気にしていないことかもしれませんね。

ちなみに、ペンギンの舌と上アゴには、トゲ状の突起がのどに向かってたくさん生えています。そのおかげで口に入った魚を飲み込みやすく、外へ逃げ出しにくくなっています。

［どのペンギンのこと？］

キング エンペラー ジェンツー アデリー ヒゲ キタイワトビ ミナミイワトビ マカロニ コガタ ケープ マゼラン フンボルト

ペンギンには叩かれない方が絶対いい

進化の過程で、翼を完全な1枚のオールのように変化させ、頑丈なフリッパーをつくり出したペンギン。彼らには魚やイルカのような尾びれがないため、泳ぐときに頼りになるのはこのフリッパーです。空気よりも密度が高く、重い水をかくためには強靭なフリッパーが必要でした。

フリッパーは、平らな板状になっています。肩の部分に当たる上腕骨という骨から翼の先端までの関節は少ししか動かず、硬く固定されている状態です。また、空を飛ぶ鳥の骨が軽量化のため中空になっているのに対し、ペンギンの骨はみっちり。力強く水をかくため筋肉もしっかりと発達しています。

そんなフリッパーで叩かれるとかなり痛く、硬い木の板で叩かれるくらいの衝撃を感じます。しかも、寒い南極で叩かれるとより痛さが倍増。泳ぐためだけではなく、この強靭なペンギンの翼はケンカや天敵への攻撃などでもたびたび使われます。これでビンタをされると思うと……想像するだけで痛そうです。

[どのペンギンのこと？]

キング エンペラー ジェンツー アデリー ヒゲ キタイワトビ ミナミイワトビ マカロニ コガタ ケープ マゼラン フンボルト

鼻水を飛ばされるとまじで迷惑

ペンギンたちを見ていると、よく顔を左右にブルブルと振っている姿が見られます。一見、かわいらしい仕草に見えますが、じつはこれ、なんと鼻水を飛ばしているのです。

正確に言うと、この鼻水は塩水。ペンギンは魚だけではなく、オキアミなどの甲殻類も大量に食べます。これらは魚と違って塩分を多く含んでいます。また、塩分濃度の高い海水も魚やオキアミと一緒に飲み込んでしまうこともあり、ペンギンたちは塩分過多になります。

人間も同じですが、塩分の摂りすぎは、体によくありません。そこで活躍するのがペンギンの目の上の部分にある塩類腺という部位です。

この塩類腺はペンギンの頭骨の目の上の部分にあり、鼻孔へとつながっていて、血液から濃い塩分溶液をろ過する腎臓のような役割を持っています。

ペンギンたちは、ここでろ過された塩水をブルブルと顔を振って体の外に出しているのです。

実際、ここから排せつされた液体は、海水よりはるかに塩辛いです。時折、飛ばされた塩水が当たってしまうペンギンを見かけますが、すごく迷惑そうです。

［どのペンギンのこと？］

キング　エンペラー　ジェンツー　アデリー　ヒゲ　キタイワトビ　ミナミイワトビ　マカロニ　コガタ　ケープ　マゼラン　フンボルト

ペンギンは常に空気イス

外見だけを見ると、ペンギンのことをかなりの短足だと思っている方が多いのではないでしょうか。しかし、40ページでも少し触れたように、ペンギンの足は決して短いわけではありません。むしろ「足が長い」と言っていいでしょう。

ペンギンは、寒い環境でできるだけ露出部を少なくするために、膝を曲げたままの状態で、足をお腹の中に収める形に進化しました。人間でいうと、つま先立ちの状態での空気イス。プルプルしてしまうような、なかなかつらいスタイルです。

鳥類には「かかと」と「足の指」をつなぐ、「跗蹠骨」と呼ばれる骨があり、体全体を支えています。

アデリーペンギンのように氷の上を歩いたり、キタイワトビペンギンのように岩場をピョンピョンとジャンプしたりと、空を飛ぶ鳥に比べて、陸で行動することが多いペンギン。そのおかげで、この「跗蹠骨」は空を飛ぶ鳥に比べて、とても丈夫にできているのです。

立っているときはもちろん、歩いているときもずっと空気イス状態なのは、なかなか大変そうですが、生まれてからずっとこの状態なので、辛くはないはずです。たぶん。

［どのペンギンのこと？］

キング　エンペラー　ジェンツー　アデリー　ヒゲ　キタイワトビ　ミナミイワトビ　マカロニ　コガタ　ケープ　マゼラン　フンボルト

毛に見えるけどぜんぶ羽根

全身を覆っているのは一見、毛に見えますが、残念ながらそれは大きな勘違いです。ペンギンは鳥の仲間なので、毛に見えているのは、ぜんぶ羽根です。それも、体全体にびっしりと生えています。

ペンギンの羽根は、ほかの鳥とは少し違っています。空を飛ぶ鳥の翼の羽根は、揚力を得るために羽軸を中心に左右非対称になっていますが、ペンギンは飛ぶ必要がないので、左右対称の羽根です。

彼らの羽根は飛べない羽根ですが、とても保温効果に優れています。羽根同士が絡まり合って全体が1枚の柔らかい布のようになり、羽根の奥の皮膚などが濡れるのを防ぎます。また、羽根の付け根の筋肉を動かして、寒いときには羽根を倒し、暑くなれば羽根を起こして体温を調節できます。

寒い地方に住むアデリーペンギンなどは、くちばしの半分くらいまで羽根に覆われています。これも寒さ対策ですね。

ペンギンたちがどこまで意識しているのかはわかりませんが、「飛べない鳥はただの鳥」ではなく、海で生きやすいように自分たちで進化してきたのです。

［どのペンギンのこと？］

キング エンペラー ジェンツー アデリー ヒゲ キタイワトビ ミナミイワトビ マカロニ コガタ ケープ マゼラン フンボルト

暑いとペンギンも犬みたいにハァハァする

南極は地球で一番寒いところといわれています。夏でさえ、平均気温はマイナス1度。しかし、日差しが強くて風が吹かない夏の日には、南極でも体感温度が高くなる場合があるのです。

ところで、ペンギンは寒い地域や冷たい海の中での生活に適応し、進化してきたので、保温性の高い羽根を身にまとっています。羽根はジャケットのように気温にあわせて脱ぐことはできません。そのため南極に限らず、直射日光を浴びて体温が上がりそうになると、どのペンギンたちもくちばしを開けて、「パンディング」を行います。

そう、犬が息を切らしてハァハァとしているアレをどの種のペンギンもやっているのです。

ほかにも、フリッパーを広げ、皮膚下の血管を拡張して体を冷やしたり、筋肉で羽毛を立てて隙間をつくり、上手に体温を逃がしたり。寒さ対策をしているイメージが強いペンギンですが、じつは熱を逃す方法もたくさん持っているのです。

［どのペンギンのこと？］

キング エンペラー ジェンツー アデリー ヒゲ キタイワトビ ミナミイワトビ マカロニ コガタ ケープ マゼラン フンボルト

寒すぎるとかかと立ちをする

南極大陸の沿岸に住んでいるエンペラーペンギン。寒さには慣れているのかと思いきや、たまにかかと立ちをして、少しでも冷たい地面に触れる面積を減らそうとします。

理由は、寒くて足が冷えるから。そりゃそうです。寒すぎれば、ペンギンだってつらくなっちゃいます。

ただし、かかとに見えるところは、鳥の仲間に特有の跗蹠骨と呼ばれる部位。人で言うと足の指先とかかとをつなぐ部分に当たります。つまり、ペンギンのかかとは、足首のように見えるあたりに隠れているのです。

また、ペンギンの足やフリッパーに流れる血管は、おもしろい仕組みになっています。この血管は「体の末端で冷たくなった血液を体の中心には運ぶ静脈」と、「体の中心から体の末端へ流れる温かい血液を運ぶ動脈」が絡まり合うようになっています。動脈の温かい血は、体の末端に送られるにつれて、少しずつ冷やされていきます。「冷えた血を送ったらもっと寒くなるんじゃ？」と思うかもしれませんが、外の温度と体の末端の温度の差を小さくするために、体の末端を冷やしているのです。こうすることで、寒さによって失われる熱量を小さくできます。

ペンギンだけど、寒いとおしくらまんじゅうをする

もっとも体の大きいエンペラーペンギンは巣やテリトリーを持たずに、集団で行動します。

というのも、ブリザードと呼ばれる猛吹雪が吹き荒れる寒いときは、体温を奪われないようにするためにみんなで身を寄せ合う必要があるからです。これを「ハドリング」といいます。

特に、卵をメスに代わって温めているオスが、大集団でハドリングをしている姿はまるでおしくらまんじゅうをしているようで圧巻です。

当然、外側が一番吹雪に当たるので、中の方に行きたいのはみんな同じ。内側は外の気温より平均して10℃ほど高くなるのです。協力して身を温めあっているように見えますが、「我こそが！ 我こそが！」と自分の寒さをしのぐことで頭の中はいっぱい。外側のペンギンは、せめて直接風が当たらない風下へ移動しようとして、仁義なきポジション争いがスタート。すると、ぎゅうぎゅうに集まった大集団が激しく、くるくると回転してしまいます。

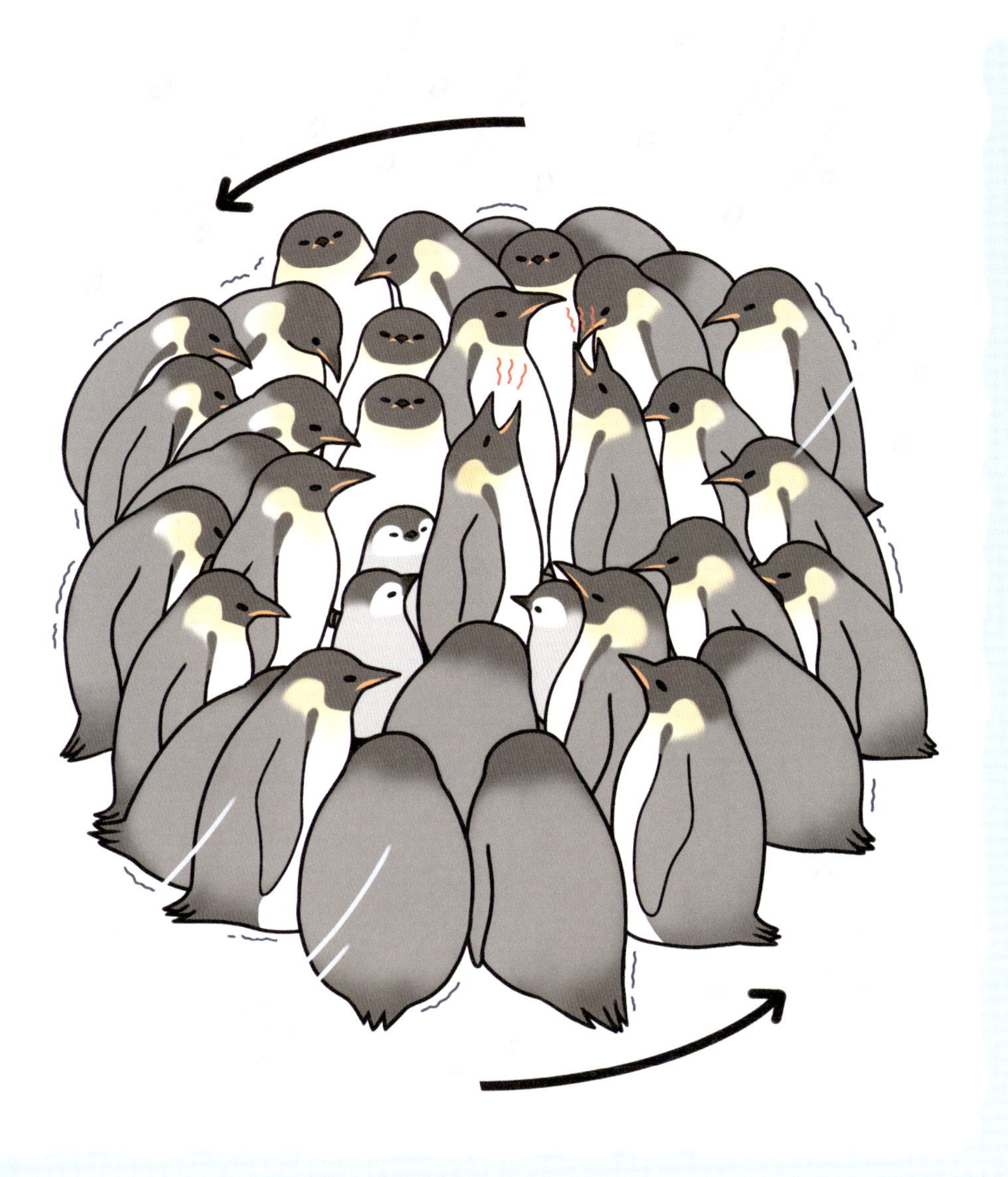

［どのペンギンのこと？］

キング　エンペラー　ジェンツー　アデリー　ヒゲ　キタイワトビ　ミナミイワトビ　マカロニ　コガタ　ケープ　マゼラン　フンボルト

一度親と離れたら、呼ばれるまで永遠に会えない

アデリーペンギンなど巣をつくって繁殖するペンギンは、巣の場所が家族の重要な情報のひとつになっています。しかし、巣をつくらないエンペラーペンギン属のエンペラーペンギンやキングペンギンは、海から帰ってきたとき、どうやって家族を探すのでしょうか？

ペンギンは視力よりも鳴き声で自分の家族を判別するといわれています。卵に穴が開いたとき、親子でお互いの声が聞こえるようになり、このときに鳴き合って「声の刷り込み」

が行われます。そのため、群の中でも鳴き声を頼りに自分の子どもをきちんと探すことができるのです。

特にキングペンギンは何十万羽と群をつくります。タワシのような茶色のヒナがわんさかといる群の中から、自分の家族を見つけ出すキングペンギンには驚きです。絶対に我が子を迷子にさせないのです。

親は大きな鳴き声を出して子どもを探し、間違いなく自分の子にだけに獲ってきた魚を与えます。ヒナの方も「お母さ〜ん！」と言わんばかりに「ピィー！」と鳴き、自分の居場所を伝えます。逆に言うと、呼ばれるまでヒナはずっとその場所にスタンバイし続け、家族の元へ帰れないことになります。

［どのペンギンのこと？］

キング　エンペラー　ジェンツー　アデリー　ヒゲ　キタイワトビ　ミナミイワトビ　マカロニ　コガタ　ケープ　マゼラン　フンボルト

歩くより、腹で滑る方が速い

エンペラーペンギンはペンギンの中でもっとも体が大きく、地上で天敵に襲われることはほとんどありません。ですがその反面、大きな体が邪魔になり、陸の上を歩くのがちょっぴり苦手です。

そんな彼らは氷上を移動するとき、腹ばいになって足で氷を蹴りながら進むことがよくあります。

これはトボガン滑りと呼ばれるもの。トボガンとは英語で「小型のそり」の意味です。一列になって滑ると道ができて滑りやすくなることを知ってか知らずか、整列して滑る姿も見られます。また、デコボコじゃ

なく、スベスベで滑りやすい氷の道をきちんとチェックしてから滑る徹底ぶり。

太っちょペンギンは、体が重いため、歩くよりもお腹で滑った方が楽だし、速いのです。数百キロ離れた海まで、ヒナに与える食べものを獲りにいくために、このトボガン滑りで移動することもあります。

ちなみにアデリーペンギンなど小型のペンギンもトボガン滑りをすることがあります。ただ、身軽な彼らは普段、歩いた方が速く移動できます。トコトコと一生懸命に歩くアデリーペンギンは、歩かずに腹でズベーッと滑り抜けていくエンペラーペンギンのことを羨ましく思っているのでしょうか。

[どのペンギンのこと？]

キング　エンペラー　ジェンツー　アデリー　ヒゲ　キタイワトビ　ミナミイワトビ　マカロニ　コガタ　ケープ　マゼラン　フンボルト

かわいいフリして超スパルタ教育

まるでぬいぐるみのようなペンギンのヒナ。ずっとそばで見ていたいほどかわいいですが、意外にもペンギンの親は厳しく、子どもを鍛えた後、さっさと子離れします。

ヒナが成長して食べものの要求量が大きくなると、どちらの親も食べものを獲りに行き、ヒナはクレイシ（共同保育所）で親の帰りを待ちます。戻ってきた親にヒナは食べものをおねだりしますが、親はすぐには与えず、ヒナをこれでもかといろんなところへ連れ回します。ヒナは鳴きながら親を追いますが、うまく歩けず、何度も転びながら親に追いすがることになります。

これは、子どもに歩き方や走り方を練習させている行動と考えられています。水に慣れさせるために海の方へ引きずり回すなど、親ペンギンは着々とひとり立ちをさせる準備をしているのです。

ヒナが成長すると、突然親が帰って来なくなります。お腹をすかせたヒナは、必要に迫られ自分で食べものを獲りに行くしかありません。

こうやって1羽、1羽とひとり立ちをしていきます。かわいい顔して、ペンギンはなかなかのスパルタ教育なのです。

［どのペンギンのこと？］

キング エンペラー ジェンツー アデリー ヒゲ キタイワトビ ミナミイワトビ マカロニ コガタ ケープ マゼラン フンボルト

ペンギン博士の
南極だより③

調査のためのペンギン捕獲 叩かれないように注意！

バイオロギング調査のためには、まずペンギンを捕まえなければなりません。できるだけストレスを与えないように、作業はすばやく、そして的確に行います。たも網を構えながら陸上にボーッと立っているペンギンにそっと近づき、一気にダッシュします。ペンギンは慌てて逃げようとしますが、その前に距離をつめてバサッと網を被せ、ペンギンの足を掴んで逆さまに持ち上げます。このとき、ペンギンの翼には気を付けなければなりません。バタバタ叩かれると、けっこう痛いんです。

ペンギンが巣にいるときは、手で捕まえることもできます。私は一度、ペンギンの足を掴もうとかがみ込んだ瞬間に、太いくちばしで思い切り額をドンと突かれたことがありました。アデリーペンギンのくちばしは尖ってはいませんが、太くて重みがあります。額だったので軽傷で済みましたが、目をつつかれていたら大変だったとヒヤリとしました。

背中に取り付けた記録計がペンギンの世界を見せてくれる

捕まえたペンギンは地面にうつむけに寝か

せ、背中の羽毛をピンセットで持ち上げます。その下に粘着面を上にした防水テープを敷いたら記録計を乗せてテープで巻きつけ、手でしっかりと固定。体重の計測などをしてから、ペンギンを優しく放すと、何食わぬ顔でトコトコと元の場所に戻っていきます。

その後、ペンギンは海に出かけていきますが、1～2日後にはだいたい巣に戻ってくるので、そわそわしながらそれを待ちます。ペンギンをもう一度捕まえ、テープを剥がして記録計を回収すれば、念願のデータをゲットできます。大事な記録計をちゃんと回収することができたとき、そしてそれをパソコンにつなぎ、データがたくさん記録されていることが確認できたとき。アデリーペンギンの調査で一番うれしいのは、そんな瞬間です。

第4章

スクープ！どんまいなペンギンの事件簿

かわいい顔をして、ペンギンたちの毎日は波乱万丈！
魚の取り合いに始まり、石の略奪事件まで、
人間顔負けの大事件を毎日繰り広げているのです。
ペンギンたちの事件の一部始終を紹介します。

夫婦の間で魚をゲロらせ、奪い合い

子育て中は、親がヒナに口うつしで食べものを食べさせます。ヒナが親のくちばしの近くをつつくと、それを合図にお腹にためてある魚などを吐き出して与えるのです。もちろん、胃の中の魚は消化されつつあるのでドロドロ。よく見れば魚の形をしている程度です。普通、こういった魚のやりとりは親とそのヒナの間で行われますが、ごく稀にそれが夫婦間で行われる場合があります。

それは獲物のオキアミや魚が少ない年のことでした。どの親も痩せて飢えた状態でなんとか子育てをしている状況の中、あるペアのオスが海から戻ってきました。今度はメスが海に行って魚を獲ってくるターンなのに、メスはまったく動こうとしません。すると、戻ってきたオスのくちばし付近をメスがつつき、なんと半強制的に吐かせた魚をぺろり。

どうやらペンギンはくちばし付近をつつかれると、胃の中の魚を吐き出してしまうようなのです。助け合いというよりは、ただの横取りなのかもしれません。

［どのペンギンのこと？］

キング　エンペラー　ジェンツー　アデリー　ヒゲ　キタイワトビ　ミナミイワトビ　マカロニ　コガタ　ケープ　マゼラン　フンボルト

どんまい度 ↓↓↓

油断禁物！常に誰かに巣を狙われている

浅いクレーター状の巣を石でつくるアデリーペンギン。雪どけした水が流れてきて水浸しになることを防いだり、卵が冷えないようにするために、たくさんの石を積み重ねて巣をつくります。

しかし、繁殖地での石の数は限られています。群の周辺の石はほとんど巣に使われているので、もう余分な石は落ちていません。それでも、立派な巣をつくりたいという思いは全ペンギン共通のもの。ないのなら盗むしかないとばかりに、石の取り

合いがしばしば起こります。無関心を装いつつ、ほかの巣に近づいて、そっとくちばしで小石を拾って一目散に逃げ帰ったり、盗んでいる途中に持ち主に見つかって大ゲンカになったりとアデリーペンギンのトラブルはさまざまです。

2羽がケンカしている間に、ずる賢い別のペンギンが、その石をちゃっかり盗んでいくなんて場面もあります。常に誰かが誰かの石を狙っているような状況なのです。

石はたくましさの象徴なので多いほど良く、アデリーペンギンにとっては宝物です。お城の石垣のような立派な巣もあれば、中にはみすぼらしい巣もあり、モテモテのペンギンは一目瞭然でわかります。

[どのペンギンのこと？]

キング　エンペラー　ジェンツー　アデリー　ヒゲ　キタイワトビ　ミナミイワトビ　マカロニ　コガタ　ケープ　マゼラン　フンボルト

漁師さんの網に引っかかっちゃうことがある

ペンギンは人生の多くの時間を海で過ごす動物なので、漁師さんの網に引っかかることはよくあります。ペンギンが網に引っかかると、普通はすぐに海へ放してあげるそうですが、昔の南極探検隊は、そのまま船の上でペットとして飼うこともあったようです。

ペルーやチリでは、ペンギンのことを「小さな男の子」と親しみを込めて呼び、昔はどの家でも飼っていたというから驚きです。地域によっては、ペンギンは人間に親しまれていたのです。

あくまで仮の話ですが、ペンギンを飼うとすると、大きな労力が必要です。まず、毎日たくさんの魚を食べるため、エサ代が膨大にかかります。また、大きな声で毎晩鳴くことを考えると、何かしら防音対策をしなければならないでしょう。

何よりペンギンのうんこの臭さは相当なものです。ペンギン自体も生臭いため、周囲への臭い対策も必要です。本気で飼うのであれば、相当な覚悟が必要ですね。

［どのペンギンのこと？］

キング　エンペラー　ジェンツー　アデリー　ヒゲ　キタイワトビ　ミナミイワトビ　マカロニ　コガタ　ケープ　マゼラン　フンボルト

独身のペンギンはボディガードになることがある

ペンギンは基本的に一夫一妻制で、一度ペアになると毎年同じペアで繁殖します。ほとんどのペンギンのオスは巣をつくり、メスを待ちます。そして「恍惚のディスプレイ」と呼ばれる翼を広げた求愛のポーズでメスにアピールをするのです。

見事プロポーズに成功すればいいのですが、もちろんメスに振り向いてもらえないこともあります。パートナーが見つけられず、子どもをつくれなかった独身の〝おひとりさま〟ペンギンは、さぞや肩身の狭い思いをしているのかと思いきや、そんなこともないようです。

独身ペンギンは、繁殖期に卵を温めているペアのペンギンたちの周りをウロウロして、ボディガードのような働きをすることがあるのです。ペンギンの卵やヒナを狙っているトウゾクカモメなどの天敵が来ると、本能なのか、激しく威嚇をして追っ払ってくれるそう。そんな優しいおひとりさまペンギンにも、早くパートナーが見つかることを祈るばかりです。

[どのペンギンのこと？]

キング　エンペラー　ジェンツー　アデリー　ヒゲ　キタイワトビ　ミナミイワトビ　マカロニ　コガタ　ケープ　マゼラン　フンボルト

ガァ!

どんまい度

宇宙人と交信するペンギンがいる⁉

ペンギンのコミュニケーションには、決まった行動と鳴き声の組み合わせがあります。これは「ディスプレイ」と呼ばれるものです。

このディスプレイの中に、前ページでも紹介した「恍惚のディスプレイ」という求愛の行動があります。

これは、オスが巣の真ん中に立ち、メスに対して「ここに利用可能な巣がありますよ〜!」と宣伝する意味合いがあります。

くちばしを真上に向けて首を伸ばし、フリッパーを前後に羽ばたかせながら「ガ、ガ、ガ、ガァー!」と決して美声とはいえない鳴

き声で歌を披露します。
　ただこのディスプレイ、求愛だけとは言い切れない場合があります。
　アデリーペンギンを観察していると、すでにペアになってヒナもいるにもかかわらず、1羽がこの行動を始めると、周りにいるアデリーペンギンもなぜかつられて上を向き、フリッパーをパタパタと羽ばたかせて、けたたましく、大声で鳴き出す場面がありました。
　5～6分ほどでこの行動は終わるのですが、その光景はまるで空に向かって、アデリーペンギンたちが宇宙人と交信しているかのよう。なかなか異様な状況です。このようにまだまだペンギンは謎の多い生き物なのです。

［どのペンギンのこと？］

キング　エンペラー　ジェンツー　アデリー　ヒゲ　キタイワトビ　ミナミイワトビ　マカロニ　コガタ　ケープ　マゼラン　フンボルト

食べ過ぎるとお相撲さんみたいになる

エンペラーペンギンのメスは、卵を産むと卵をオスに預けて約100キロも先の海まで魚を獲りに行きます。産卵で体力が落ちているメスが先に食事に行くのです。その間、オスは何も食べずに卵を温めます。一番絶食の期間が長いエンペラーペンギンは最長約4ケ月間、雪以外何も口にしません。また、年に一度、羽毛が生え替わる換羽の時期も海に入れないため、どのペンギンも2〜4週間、絶食することになります。絶食に備え、ペンギンは食べられるときに食いだめをします。体重に対して10%くらいは楽にお腹に魚を入れられるのです。体重が3キロのペンギンは、300グラムの魚をお腹に入れることができます。30キロの人間の子どもが3キロの料理を食べるのと同じだと考えるとかなりの量だと思いませんか?

そのため、お腹いっぱい食べたペンギンのお腹はパンパンに張り、まるでビール腹。お相撲さんのようにのっしのっしとゆっくり歩いていくのです。

[どのペンギンのこと？]

キング　エンペラー　ジェンツー　アデリー　ヒゲ　キタイワトビ　ミナミイワトビ　マカロニ　コガタ　ケープ　マゼラン　フンボルト

ペンギン博士の南極だより④

何が起こったの？いつもと違う南極の光景

南極の氷がなくなると、ペンギンの身には何が起こるのでしょうか。一般的に思われているように、生活の足場を失ったペンギンは危機的な状況に陥るのでしょうか。

普段、南極の調査地の前にある海は真っ白く分厚い氷に覆われています。ところが2016〜2017年にかけてのシーズンのみ、風の影響で氷が流れ去り、海面が露出。そしてこのとき、私たちは衝撃的な光景を目の当たりにしたのです。

通常、ペンギンは氷の上をゆっくりと歩いて移動し、氷の割れ目を探して魚を獲りに海に飛び込みます。ところが、氷のなくなったこのシーズンはペンギンはスイスイと海を自由に泳ぎ回り、好きな場所で好きなだけ潜水をしていました。

ペンギンが教えてくれた南極と氷の本当の関係

それだけではありません。普段は透き通っている海が、氷のなくなったこのシーズンだけは緑色に濁っていました。氷がなくなり、太陽の光が海面に直接降り注いで植物プランクトンが大発生したのです。そのためペンギ

ンの獲物であるオキアミも大発生しました。

こうした変化の結果、氷のなくなったシーズンのペンギンは例年になく、太っていました。またヒナも親から食べ物をたくさんもらい、異常なほどすくすくと成長。つまり氷がなくなったことは、ペンギンにとっては極めてハッピーなことだったのです。「南極の氷が減ると野生動物は困る」という一般的なイメージとは、まったく逆のことが起きていました。

私たちが目撃したのは広い南極大陸の片隅で起きたローカルな現象に過ぎません。また氷の流出は風向きによるものであり、地球温暖化と直接関連しているわけでもありません。それでも、先入観に囚われてはいけないという自然科学の難しさ、おもしろさをペンギンたちが教えてくれたような気がします。

第5章

飼育員さんに聞こう！ 水族館のどんまいなペンギン

実際にペンギンを飼育している水族館などの飼育員さんに聞いた、
ペンギンたちのおもしろエピソードを紹介します。
興味が沸いたら、みんなで愛くるしい
ペンギンたちに会いに行きましょう！ ペンギン万歳！

メス同士のカップルでも卵を育てることがある

ペンギンの卵のお世話をするのは誰でしょう？　産みの親に決まっていると思う方が多いかもしれません。しかし、じつは産みの親が他のペンギンに卵を託すことがあるのです。

新江ノ島水族館に、セサミとクッキーというカップルがいました。2羽の間にはチョキという子どもができたので、この2羽はオス・メスのカップルだと思われていました。ところが、検査を行うと、チョキのお父さんはポーという別のオスペンギンで、お母さんはメスのセサミということが判明。そして、クッキーもメスペンギンだったことがわかりました。つまり、セサミとクッキーはメス同士のカップルだったのです。

このことからメス同士のカップルでも、それぞれがほかのオスと交尾をして卵を産み、協力しながら子育てできることがわかりました。現在では、メス同士のペアに「別のペンギンが産んだ卵を育ててもらう」ということも行われています。どんな形でも好きなもの同士、ずっと一緒の方がやっぱりいいですもんね。

[施設データ]

新江ノ島水族館

住所　　　神奈川県藤沢市片瀬海岸2-19-1
電話番号　0466-29-9960
開館時間　3月〜11月 9:00〜17:00(最終入場16:00)、
　　　　　12月〜2月 10:00〜17:00(最終入場16:00)

オス同士のカップルの末路がドラマ並みにすごい

東北サファリパークにオス同士でとても仲の良い2羽のケープペンギンがいました。小西さんと黒田さんです。彼らは同じ小屋で生活し、疑似交尾をしたり、小石を卵のように抱いたりしていたそうです。

しかし、どんなに仲良しでもオス同士で繁殖はできません。1年ほどすると、オスの小西さんがメスの中村さんと仲良しに。これまでオスの黒田さんと住んでいた小屋の隣で彼女と同棲を始めました。メスに浮気した小西さんはしばらくは両方の小屋を行き来していましたが、そのうちそれもしなくなりました。

ペアを奪われた黒田さんは何度も小屋へ小西さんを迎えに行くも、帰ってきてもらえません。ずっと小屋の前に立ち尽くし、小屋の中で中村さんといちゃいちゃする元カレを眺める彼の背中は、とても切ないものでした。

しかし、そんな彼に次なる出会いが！　新しいパートナーとラブラブ生活をめでたく再開しました。ちなみに次のお相手もオスだそうです。

[施設データ]

東北サファリパーク

住所	福島県二本松市沢松倉1
電話番号	0243-24-2336
開園時間	平日 8:30～17:00 土日祝 8:00～17:00（最終入場16:30）

ペンギン界にも過保護な家庭が存在する

同種のペンギンであれば子育ての様子も似ているかというと、そうでもありません。実際、東北サファリパークで長年繁殖しているケープペンギンの3ペアの子どもたちは、育ち方がまったく異なります。

あるペアの子どもは、過保護に育てられてなかなか親離れをしようとしません。同時期に生まれたほかのペアの子どもが自力でごはんを食べ始めても、ずっと親からエサをもらい続けています。平均的な成長過程を経て巣立ちまで模範的に育つ家庭もあれば、なぜかいつも懐っこいペンギンが育っていく家庭もあり、教育方針によってそれぞれのヒナの個性や性格は変わるようです。育った環境で性格も変わるのは人間もペンギンも同じなんですね。

また、人工飼育で育った子どもたちは、成長後も人にべったりなタイプが多いそうです。ペンギン同士でちゃんとペアになるそうですが、基本的にとってもヤキモチ焼き！ 飼育員さんが別のペンギンをかまっていると必ず邪魔をしにいきます。

[施設データ]

東北サファリパーク

住所 福島県二本松市沢松倉1

電話番号 0243-24-2336

開園時間 平日 8:30〜17:00 土日祝 8:00〜17:00（最終入場16:30）

自然界では敵でも、水族館ではアザラシと超仲良し

東北サファリパークのペンギンたちはみんな、苗字の名前がつけられています。当初はポピュラーな苗字が選ばれていましたが、ある女性演歌歌手の苗字のペンギンが人気者になると、次に生まれた子には男性演歌歌手の苗字が名付けられ、以来相次いで有名人の苗字が命名されるようになりました。男性ピン芸人の苗字がつけられたペンギンや、人気アイドルグループ5人の苗字がつけられた2015年生まれ組など、ユニークな名前のペンギンがいます。

そんな同パークのペンギンたちが見せてくれるのが、アザラシの背中に乗る行為。野生のペンギンにとっては天敵となるアザラシですが、同じ飼育場で生活しているからなのか、親や先輩など誰かが教えたわけでもないのに毎年一度は必ず背中に乗ります。ただ、この行為が見られるのは子どものころだけ。大人になるとパタリと背中乗りをやめてしまいます。理由はわかりませんが、アザラシたちも慣れているようで乗られてもまったく気にしていません。

[施設データ]

東北サファリパーク

住所　福島県二本松市沢松倉1
電話番号　0243-24-2336
開園時間　平日 8:30〜17:00 土日祝 8:00〜17:00（最終入場16:30）

飼育員さんに恋しているペンギンがいる

松江フォーゲルパークのケープペンギンのメスのさくらは、仲良しのオスペンギンのムサシの死後、すっかり元気をなくしていました。

しかし約2ケ月後、新しいお相手を見つけたさくらは、後をついて回ったり、求愛ポーズを見せて猛アプローチをしたりするようになりました。ただ、ひとつ問題が……。そのお相手は、人間（飼育員）だったのです。

その飼育員さんの声がペンギンの鳴き声に似ており、さくらの好みの声であったため好かれたのではないかと見られています。

ムサシの生前、飼育員さんが近くで声を出すとムサシがそれを遮るように鳴くことがあったそうです。もしかするとライバル心からだったのかもしれません。

確かにその飼育員さんはほかのメスにも大人気でした。現在は飼育担当から離れているそうですが、当時は別のペンギンの世話をしているとさくらが走り寄り、ヤキモチを焼いて噛んでくることもあったようです。

[施設データ]

松江フォーゲルパーク（松江フォーゲルパークは花と鳥のテーマパークです）

住所　島根県松江市大垣町52
電話番号　0852-88-9800
施設時間　9:00～17:00（最終入場 16:15）
※4月1日～9月30日は9:00～17:30（最終入場 16:45）

キングペンギンが卵の代わりに氷を温めることがある

キングペンギンは巣を持たないペンギンです。産まれた卵はオスとメスが交代で足の上に乗せて温めます。しかし、残念ながらペアになれないペンギンも時々います。もちろん、こうした独身のオスが卵を抱くことは通常ありません。

それはある年の朝のことでした。海遊館で飼育している独身のキングペンギンのオスが、足元に何かを大事そうに抱いていました。「卵を持っているはずがないのになぜ？」疑問に思ったスタッフが足元を確認してみると、なんと卵ではなく氷の塊を温めていたのです。

このオスペンギンの真意はわかりません。何か父性が刺激されるようなきっかけがあったのか、それとも単純に繁殖に参加できなかった寂しさを紛らわすためなのか。結局、このオスは氷の塊を取り除かれてからも1週間以上、卵を温めるときの姿勢を続けました。その間、律儀に絶食し、エサを一口も食べていなかったため、最後は飼育員さんが口元までエサを運んであげたそうです。

［施設データ］

海遊館

住所　大阪府大阪市港区海岸通1-1-10
電話番号　06-6576-5501
開館時間　10:00〜20:00（最終入館は閉館の1時間前まで）※時期によって開館時間が変動します。

妻の外出中に浮気相手を巣に連れ込むことがある

ジェンツーペンギンはほかのペンギンと同じく、基本的に一夫一妻制。ペアになった2羽は年中一緒に過ごしますが、繁殖期になるとオスが改めてプロポーズをします。名古屋港水族館でも8月下旬以降にそうした光景を目にすることができるのですが、ペアになって安定していたはずがフラれたり、二股をかけられたり、ペンギン界の結婚生活もなかなか一筋縄ではいかないようです。

ほかにも2つの巣を行ったり来たりする通い婚をしたり、ひとつの巣に2羽のメスを囲ったり。中には、パートナーがいない隙に、浮気相手を巣に連れ込み、帰ってきたパートナーを一緒になって追い出すなど、フォローのしようのない行動に走るものも……。まさにスキャンダラスなペンギンの世界。ただ、そうした浮気性のオスもいざパートナーの産卵時期が近づくと、ほかのオスに邪魔をされないようにしっかりとメスを守ります。「やっぱりお前のことが一番好きなんやで!」と言わんばかりに子育てをサポートするのです。

[施設データ]

名古屋港水族館

住所　愛知県名古屋市港区港町1-3

電話番号　052-654-7080

開園時間　9:30〜17:30（春休み〜11月末まで）※12月〜春休み前までの冬期は9:30〜17:00、GW中と夏休み期間は9:30〜20:00

アニメのキャラクターに夢中になったペンギンがいた

2017年4〜9月に行われた東武動物公園と人気アニメのコラボ企画をきっかけに一躍有名になったのが、フンボルトペンギンのグレープくん。「アニメキャラのパネルをそのモデルとなった動物の飼育舎に設置する」という企画でペンギン舎にフンボルトペンギンの女の子のパネルを設置すると、グレープくんがそれをずっと見つめ続けているように見えると言われ始めたのです。

たちまち「アニメキャラに恋するペンギン」としてニュースやSNSで紹介され、話題沸騰。グレープくん人気もあり、コラボ企画は大成功しました。パネルの前がお気に入りの場所ということで、企画終了後もパネルは継続展示。しかし、その後グレープくんは急に体調不良に陥ってしまいました。フンボルトペンギンとしては高齢の21歳だったこともあり、翌日に天国へ。パネルの彼女は最期を近くで見守ってくれたようです。恋するグレープくんのキュートでユーモラスな姿はこれからも多くの人が思い出すことでしょう。

[施設データ]

東武動物公園

住所　埼玉県南埼玉郡宮代町須賀110

電話番号　0480-93-1200

開園時間　9:30～17:30（最終入園は閉園の1時間前）
※時期によって開園・閉園時間が変動します。

びっくりすると四つん這いになっちゃう

みなさんに馴染みがあるのは、二足歩行でトコトコとかわいらしく歩くペンギンたちの姿だと思います。でも、フンボルトペンギンは何かにびっくりしてあわてて逃げようとするとき、フリッパーを使ってバタバタと四つん這いのような状態で移動することがあるのです。このとき、近くにプールがあればプールに、なければ近くの巣穴に逃げ込みます。

ペンギンは通常、1ペアにつき1つの巣穴を使います。普段は自分たちのお家にしか入らず、ほかのカップルの巣穴には入りません。

しかし、何かに驚いて逃げているような場合は、ほかのカップルの巣穴であってもかまわず逃げ込んでしまうことがあります。

突然見知らぬペンギンが入ってきたら、巣穴の持ち主のペンギンはびっくりしちゃいますよね。当然、入ってきたペンギンを威嚇して追い返します。すると、追い出されてしまったペンギンは、さらにあたふたと混乱してしまうのです。

［施設データ］

葛西臨海水族園

住所　東京都江戸川区臨海町6-2-3

電話番号　03-3869-5152

開園時間　9:30〜17:00 ※時期によって開園時間は変更する場合があります。

おわりに

ペンギンの「どんまい」なエピソードの数々、いかがでしたか。いい線をいっているのに、どこか惜しい。そう、それがペンギンという鳥なのです。

最後に、これまで見てきたエピソードの中から、私の独断と偏見により「どんまい大賞」を選びたいと思います。

今回、栄えある大賞に輝いたのは――「ペンギンが飛べなくなったどんまいな理由」です！

だってこれしかないでしょう。考えてもみてください。すべての鳥は陸上をトコトコと歩いていた爬虫類から進化しました。気の遠くなるような長い時間をかけて、羽毛や翼を手に入れ、体を軽量化し、空を飛ぶというすばらしい能力をついに獲得したのです。

なのに、ペンギンはこともあろうにご先祖さまの数千万年にも渡る進化の積み重ねをふいにして、せっかく手に入れた空を飛ぶ能力を捨て、海の中に入っていきました。なんてバチ当たりな、そしてなんてもったいないことをしたのでしょう。

海岸でボーッと立っているペンギンたちも、空を飛ぶ鳥を見上げて「失敗したかな……」と思っているかもしれません。そんなペンギンたちには、みんなで温かい言葉をかけてあげましょう。

「どんまい。それでもがんばれ！」

ペンギン博士　渡辺佑基

参考文献

『ペンギン大百科』（平凡社）
［著］トニー・D・ウィリアムズ　［訳］ペンギン会議

『Handbook of the Birds of the World Volume 1: Ostrich to Ducks』（Lynx Edicions）
［編・著］Josep Del Hoyo、Andrew Elliott　［編］Jordi Sargatal、Jose Cabot

※その他、ペンギンに関するさまざまな書籍・論文を参考にしています。

【STAFF】

［イラスト］　しば（P.13、P.57、P.63、P.67～69、P.73～77、P.83～85）
鮎（P.8～11、P.15～33、P.39～55、P.65、P.71、P.79～81、P.87、P.93～103、P.109～125）

［装丁・デザイン］　NARTI;S

［DTP］　ALPHAVILLE DESIGN

［取材・文］　立花律子、手塚よしこ（ともにポンプラボ）

［編集］　宮本香菜、佐々木幸香

［Special Thanks］　高橋晃周（国立極地研究所准教授）
Jean-Baptiste Thiebot（国立極地研究所研究員）
（公社）日本動物園水族館協会

【監修者】

渡辺佑基（わたなべ・ゆうき）

国立極地研究所准教授。1978年、岐阜県生まれ。野生動物に小型の記録計を取り付ける「バイオロギング」という手法を使って魚類、海鳥、海生哺乳類の生態を調べている。東京大学大学院農学生命科学研究科博士課程修了。農学博士。2007年、東京大学総長賞。2011年、山崎賞。2015年、若手科学者賞。著書『ペンギンが教えてくれた物理のはなし』（河出書房新社）（毎日出版文化賞、青少年読書感想文全国コンクール課題図書）。本書籍には「ペンギン博士」として監修に携わる。けん玉1級。

それでもがんばる！
どんまいなペンギン図鑑

2018年3月29日 第1刷発行
2023年7月21日 第4刷発行

［監　修］ 渡辺佑基
［発行人］ 蓮見清一

［発行所］ 株式会社宝島社
〒102-8388 東京都千代田区一番町25番地
TEL:03-3234-4621（営業） 03-3239-0599（編集）
https://tkj.jp

［印刷・製本］ 日経印刷株式会社

ISBN 978-4-8002-8214-9